KB170518

뉴로코믹

NEUROCOMIC

Supported by
wellcome trust

뉴 로 코 믹

뇌신경 그래픽 탐험기

마테오 파리넬라, 하나 로스 글 · 그림
김소정 옮김
정재승 감수 및 추천

푸른지식

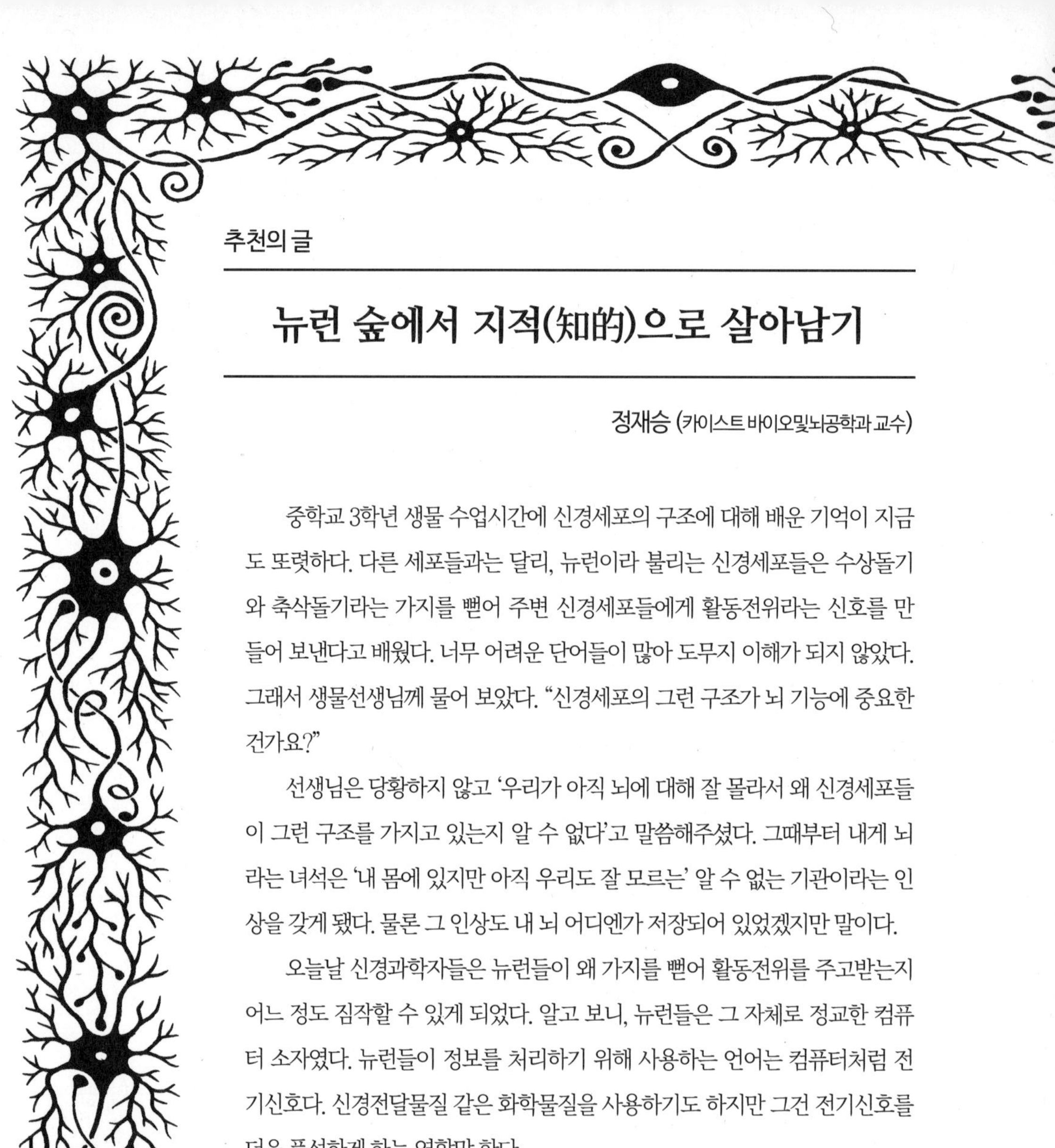

추천의 글

뉴런 숲에서 지적(知的)으로 살아남기

정재승 (카이스트 바이오및뇌공학과 교수)

중학교 3학년 생물 수업시간에 신경세포의 구조에 대해 배운 기억이 지금도 또렷하다. 다른 세포들과는 달리, 뉴런이라 불리는 신경세포들은 수상돌기와 축삭돌기라는 가지를 뻗어 주변 신경세포들에게 활동전위라는 신호를 만들어 보낸다고 배웠다. 너무 어려운 단어들이 많아 도무지 이해가 되지 않았다. 그래서 생물선생님께 물어 보았다. "신경세포의 그런 구조가 뇌 기능에 중요한 건가요?"

선생님은 당황하지 않고 '우리가 아직 뇌에 대해 잘 몰라서 왜 신경세포들이 그런 구조를 가지고 있는지 알 수 없다'고 말씀해주셨다. 그때부터 내게 뇌라는 녀석은 '내 몸에 있지만 아직 우리도 잘 모르는' 알 수 없는 기관이라는 인상을 갖게 됐다. 물론 그 인상도 내 뇌 어디엔가 저장되어 있었겠지만 말이다.

오늘날 신경과학자들은 뉴런들이 왜 가지를 뻗어 활동전위를 주고받는지 어느 정도 짐작할 수 있게 되었다. 알고 보니, 뉴런들은 그 자체로 정교한 컴퓨터 소자였다. 뉴런들이 정보를 처리하기 위해 사용하는 언어는 컴퓨터처럼 전기신호다. 신경전달물질 같은 화학물질을 사용하기도 하지만 그건 전기신호를 더욱 풍성하게 하는 역할만 한다.

컴퓨터와 비교해 보자면, 뉴런은 옆 뉴런으로부터 수상돌기를 통해 아날로그 신호를 받아 세포체가 그 다음 뉴런에게 활동전위라는 스파이크 형태의 디지털 신호를 전송하는 일종의 '아날로그-디지털 변환기'다. 또 시냅스는 전 뉴런의 축삭돌기를 통해 전해져 온 활동전위라는 디지털 신호를 다음 뉴런의 수상돌기에 아날로그 신호 형태로 전환해 주는 '디지털-아날로그 변환기'였다.

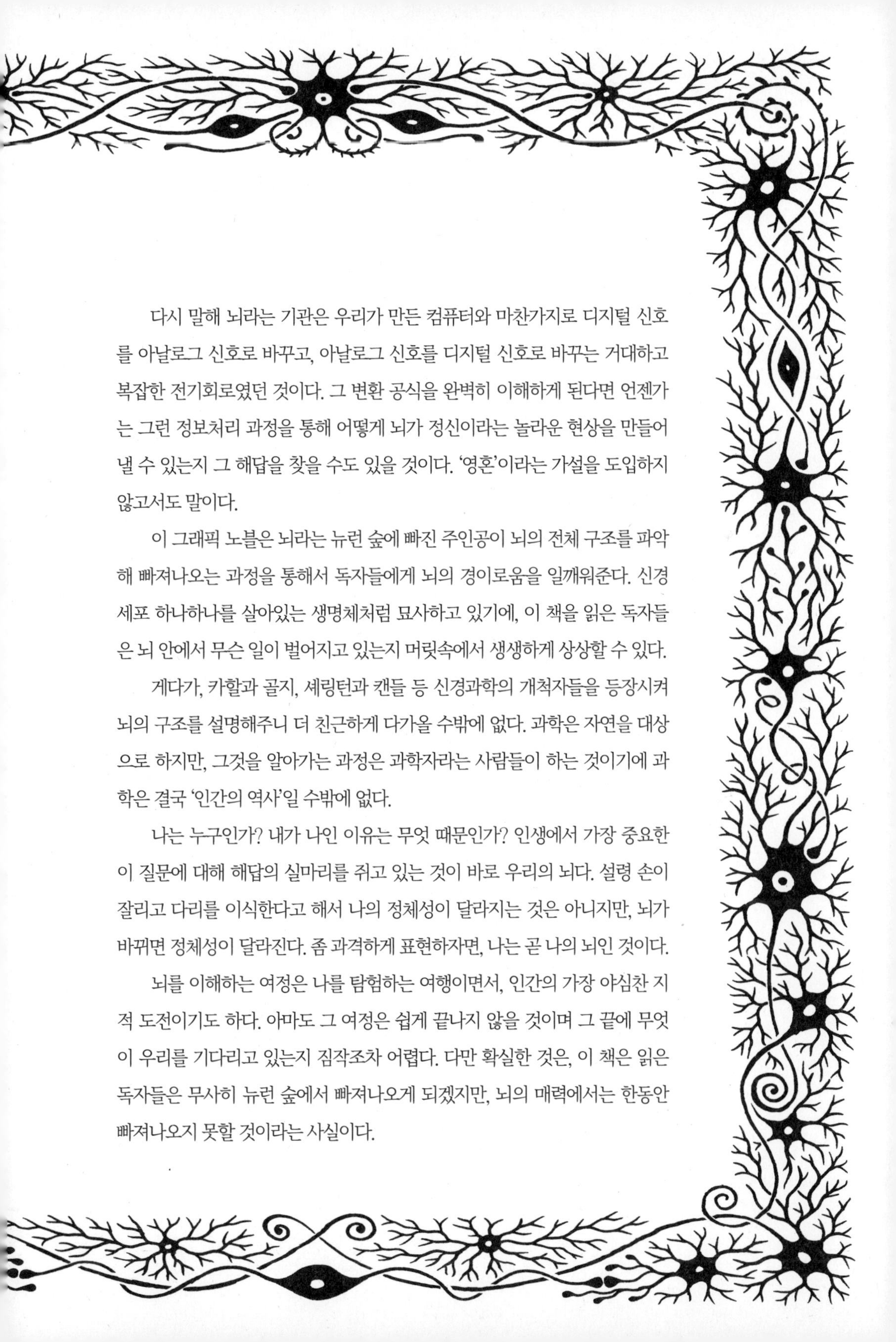

다시 말해 뇌라는 기관은 우리가 만든 컴퓨터와 마찬가지로 디지털 신호를 아날로그 신호로 바꾸고, 아날로그 신호를 디지털 신호로 바꾸는 거대하고 복잡한 전기회로였던 것이다. 그 변환 공식을 완벽히 이해하게 된다면 언젠가는 그런 정보처리 과정을 통해 어떻게 뇌가 정신이라는 놀라운 현상을 만들어낼 수 있는지 그 해답을 찾을 수도 있을 것이다. '영혼'이라는 가설을 도입하지 않고서도 말이다.

이 그래픽 노블은 뇌라는 뉴런 숲에 빠진 주인공이 뇌의 전체 구조를 파악해 빠져나오는 과정을 통해서 독자들에게 뇌의 경이로움을 일깨워준다. 신경세포 하나하나를 살아있는 생명체처럼 묘사하고 있기에, 이 책을 읽은 독자들은 뇌 안에서 무슨 일이 벌어지고 있는지 머릿속에서 생생하게 상상할 수 있다.

게다가, 카할과 골지, 셰링턴과 캔들 등 신경과학의 개척자들을 등장시켜 뇌의 구조를 설명해주니 더 친근하게 다가올 수밖에 없다. 과학은 자연을 대상으로 하지만, 그것을 알아가는 과정은 과학자라는 사람들이 하는 것이기에 과학은 결국 '인간의 역사'일 수밖에 없다.

나는 누구인가? 내가 나인 이유는 무엇 때문인가? 인생에서 가장 중요한 이 질문에 대해 해답의 실마리를 쥐고 있는 것이 바로 우리의 뇌다. 설령 손이 잘리고 다리를 이식한다고 해서 나의 정체성이 달라지는 것은 아니지만, 뇌가 바뀌면 정체성이 달라진다. 좀 과격하게 표현하자면, 나는 곧 나의 뇌인 것이다.

뇌를 이해하는 여정은 나를 탐험하는 여행이면서, 인간의 가장 야심찬 지적 도전이기도 하다. 아마도 그 여정은 쉽게 끝나지 않을 것이며 그 끝에 무엇이 우리를 기다리고 있는지 짐작조차 어렵다. 다만 확실한 것은, 이 책은 읽은 독자들은 무사히 뉴런 숲에서 빠져나오게 되겠지만, 뇌의 매력에서는 한동안 빠져나오지 못할 것이라는 사실이다.

PROLOGUE

프롤로그

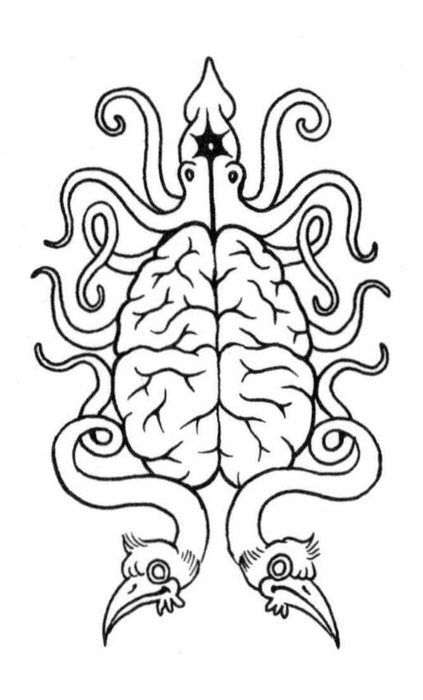

으흠.

어? 어떤 힘이 나를
끌어당기고 있어!

툭!
...

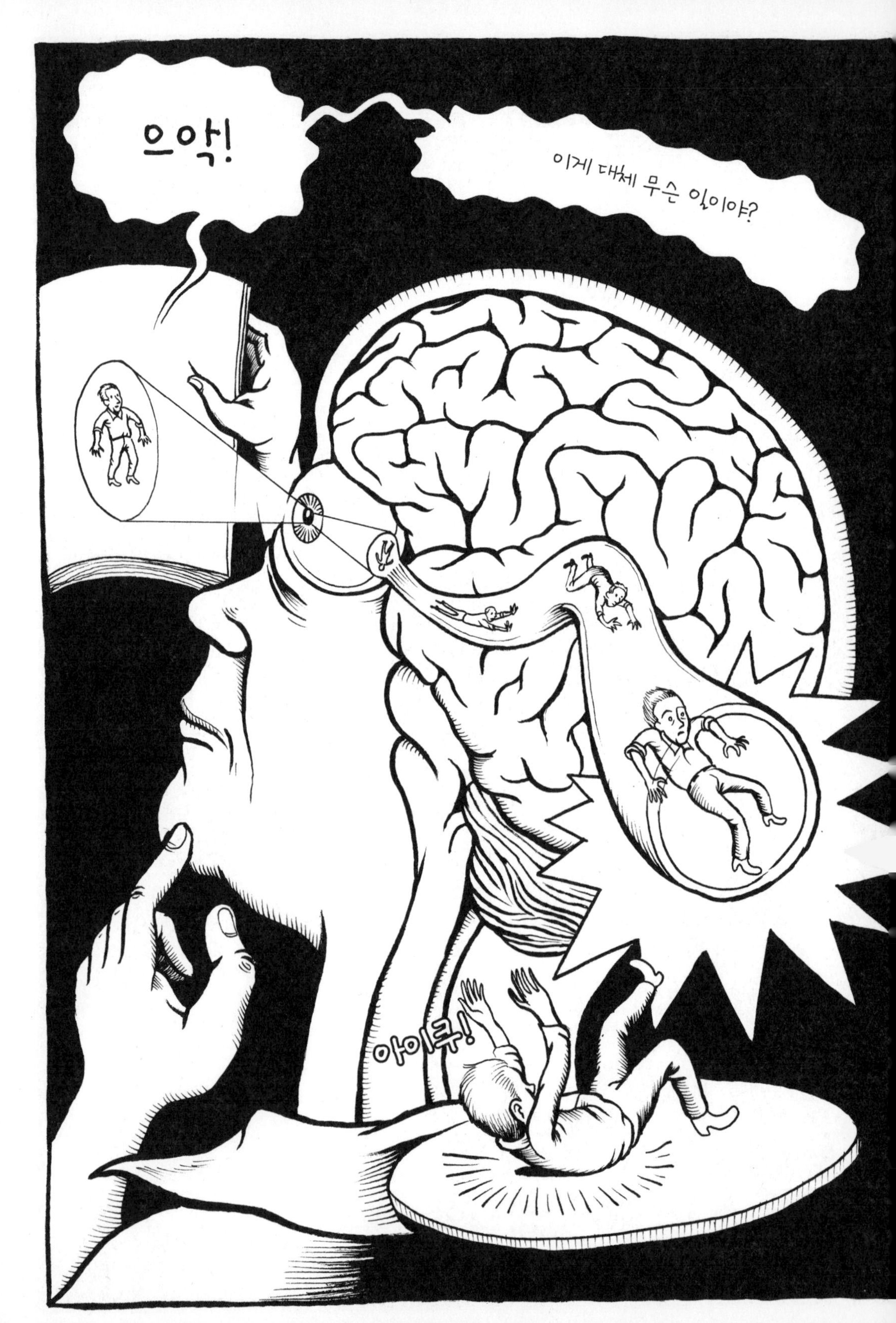
으악!
이게 대체 무슨 일이야?
아이쿠!

여기가 어디야?

울창한 숲에
들어왔어.

여기서 나가야해.

형태학(morphology)

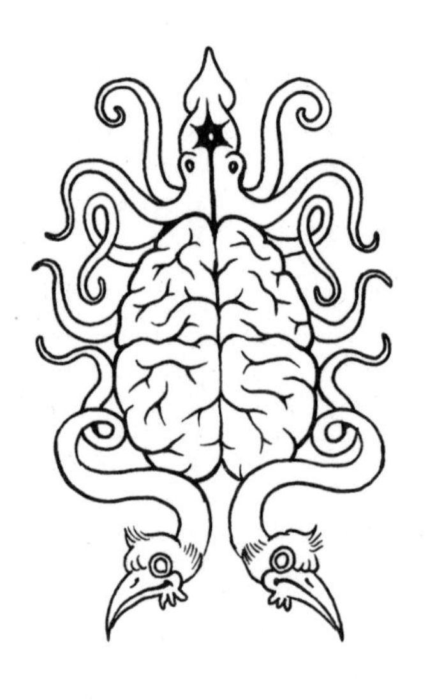

저기 누가 있네?

실례합니다, 선생님.
방해해서 죄송하지만…….

!?

혹시 어떤 여자 분이 지나가는 걸 못 보셨나요?
실망시켜 미안하지만 여긴 여자가 거의 없네.

하지만 그 사람은
방금 전까지 저와 함께
있었는데요.

그 사람을 만나고 싶은데,
혹시 이 숲에서 빠져나가는 방법을
모르시나요?
이런 바보,
여기서 나갈 방법은 없어.

여긴 뇌 안이라고. 우리에게 가장 중요한 곳이지.

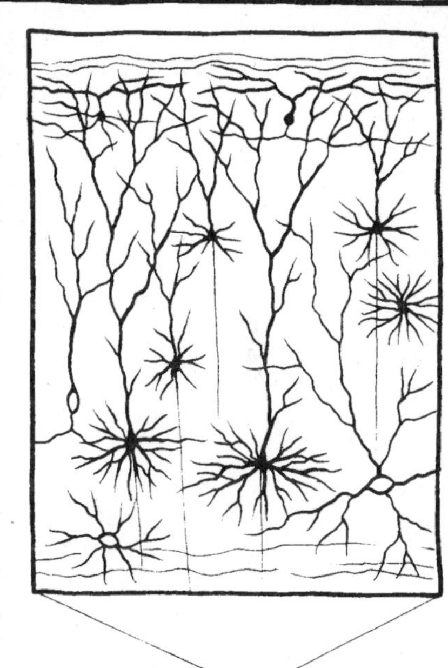

이건 나무가 아니야. 뉴런이야.
미세한 가지를 쳐서 신경계를
구성하는 세포들이지.

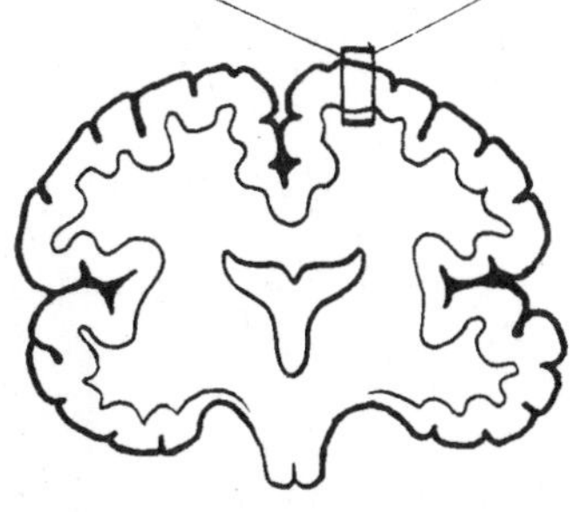

감각 기관부터 근육을 조절하는 신경에 이르기까지 모든 것은 뉴런에서 시작해서 뉴런으로 끝나
느끼고 기억하고 꿈꾸는 모든 것이 뉴런에 적히는 거야.

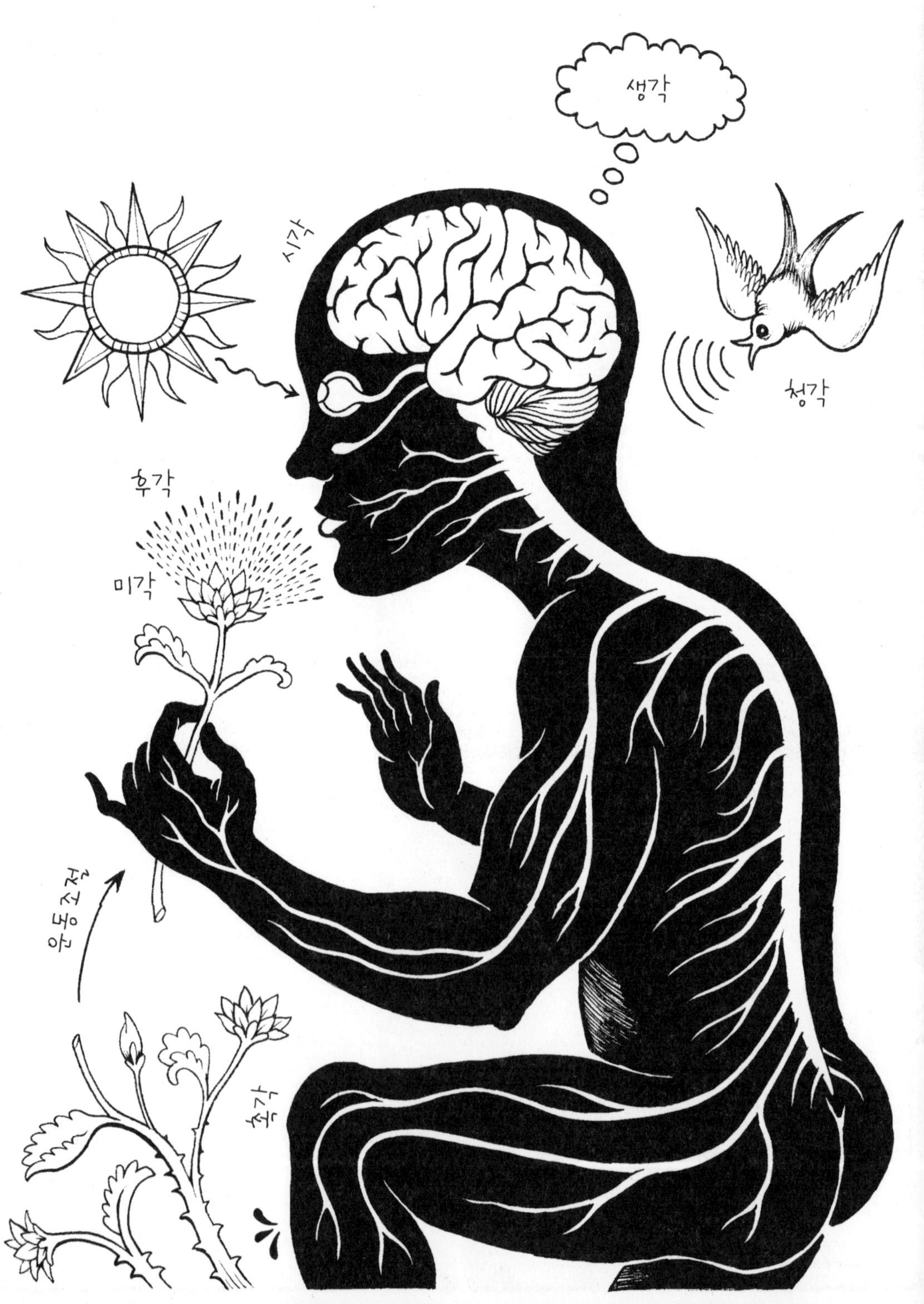

산티아고 라몬 이 카할[1]은 스페인 신경과학자로 노벨상을 받았다.
누구보다도 먼저 뇌 구조를 연구한 공로로 신경과학의 아버지로 인정받고 있다.
정작 카할의 꿈은 화가가 되는 것이었지만 말이다.

1) Santiago Ramón y Cajal. 1852~1934년.

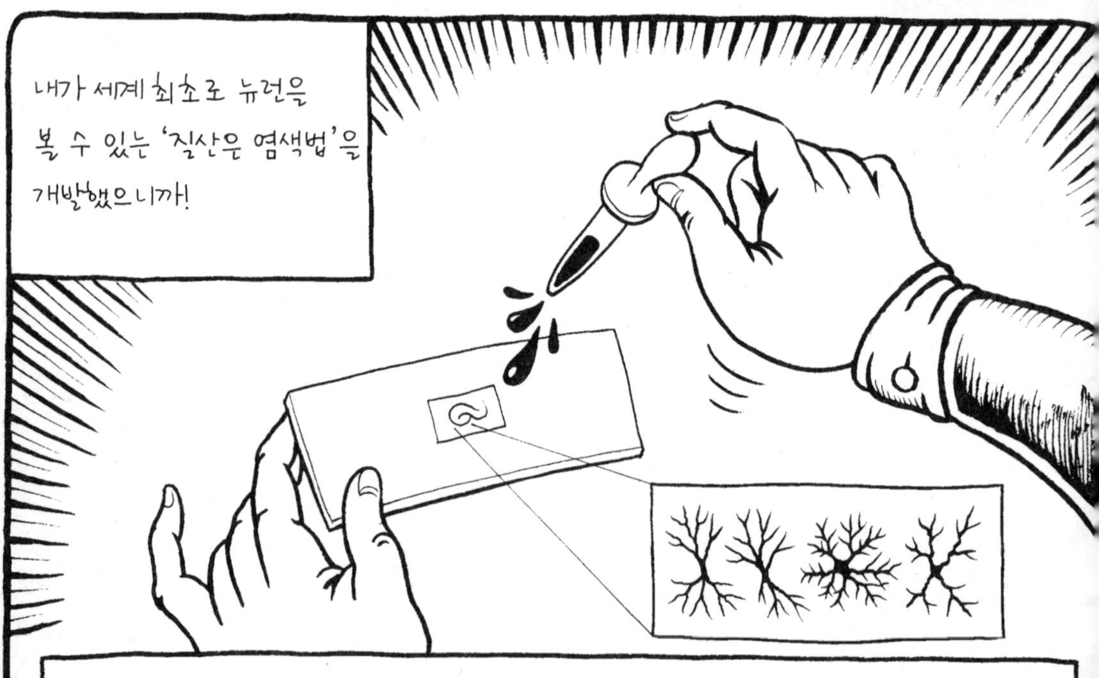

카밀로 골지[2]는 이탈리아 과학자로 노벨상을 받았다.
그는 뉴런을 염색해 현미경으로 관찰할 수 있는 방법을 발견했다.

2) Camillo Golgi. 1843~1926년.

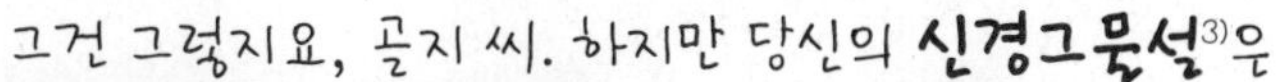

reticular theory

) reticulum

어어, 이봐요! 신사 분들, 진정해요.
과학자라는 분들이 지금 뭐하는 짓이에요?
이게!

아이쿠, 그렇지.
내 사과하리다.

공평하게 말해서,
정보가 뉴런과 신경계 사이를
흐르듯이 움직인다는
골지 교수의 말은
맞는 말이었지.

그렇게 말해줘서 정말 고맙소,
존경하는 동료 과학자 양반.
하지만 결국 옳다고 인정받은 건
카할 교수의 '뉴런설[6]'이었지.

뉴런은 하나하나가 미세 구조를 갖춘 독립 단위이다.

뉴런은 크게 세 부분으로 이루어져 있다.

뉴런은 상상할 수 없을 정도로 다양한 형태가 있어.
이 친구는 제이야. 내가 아주 좋아하는 조그만 **과립세포**지.
왈왈!

이 친구는 가지돌기가 네 개인데, 아주 짧아. 하지만 축삭돌기는 아주 길어서…….
쓰담쓰담!

어이!
……조롱박세포(퍼킨지세포)까지 뻗어 있지. 저 조롱박세포는 찰리라네. 찰리는 가지돌기가 아주 많아서 수많은 과립세포에서 보낸 자극을 받아들일 수 있어.

음, 무슨 말인지 모르겠는데? 뉴런들이 서로 떨어져 있는데
어떻게 축삭돌기랑
가지돌기가 신호를
주고받는다는 거지?
그래도
흥미로운 척을
해야 밖으로
나가는 길을
알려주겠지?

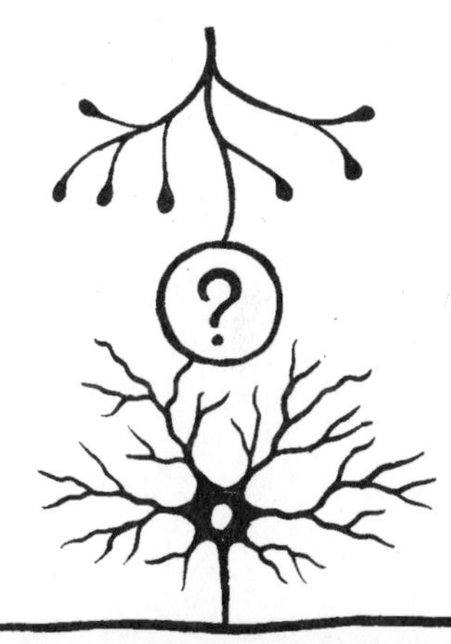
?

그 의문에 답하려면
뉴런 안에
들어가봐야 해.
!?
그래, 제발
그렇게 하게나.

무서워하지 말게.
아주 흥미진진한 과학 여행이 될 테니까.
으으, 전 가고
싶지 않아…….

안 돼!

으아아악!

약리학(pharmacology)

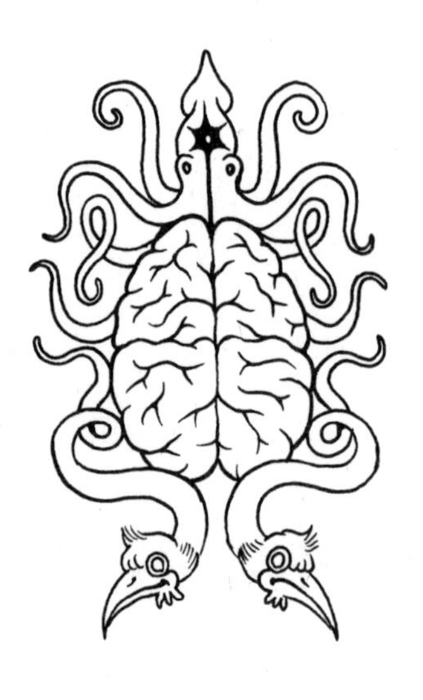

으아아악!
축삭돌기

여긴 또 어디야?

!?
찰칵
찰칵

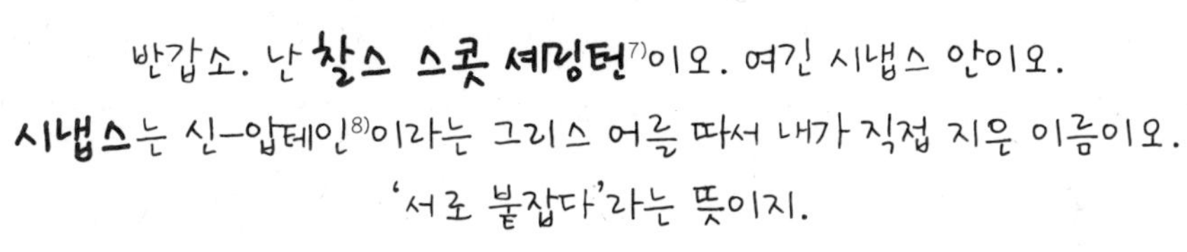

) Charles Scott Sherrington. 1857~1952년.
) syn-aptein

사실 서로 딱 붙어 있는 건 아니오.

시냅스 전 뉴런[9]은

시냅스 말단[10] 부위를 형성하오.

작은 주머니가 가득 있고,

그 주머니 안에 신경전달물질이라는

특별한 분자가 꽉 차 있는 곳이지.

뉴런이 신호를 방출하면,

시냅스 말단 부위에 있는 주머니가

시냅스 간극[11]으로 이동하오.

주머니에서 흘러나온 신경전달물질은

시냅스 후 뉴런[12]의 가지돌기에 달라붙소.

이때 수상돌기에서 **가시**[13]가 만들어지지.

여기서 신경전달물질은 다음 뉴런으로 자극을

전달하는 특별한 수용체와 반응하는 거요.

9) presynaptic neuron
10) synaptic terminal
11) synaptic cleft
12) postsynaptic neuron
13) spine

시냅스 전달[14]이 갖는 장점은 두 가지라오.
하나는 시냅스 안에서 수용체와
분자가 결합하는 방식을 다르게 하면
한 가지 신호로 여러 가지 의미를
전달할 수 있다는 것이지.

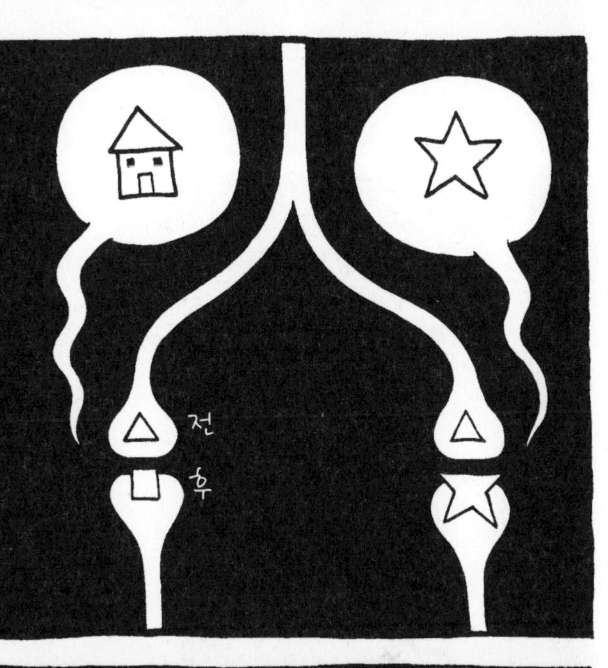

14) synaptic transmission

또 하나는 한 뉴런이 신호를 방출하면
모든 시냅스 말단 부위에 전달되지만,
각 뉴런이 새로운 신호를 만들려면
많은 시냅스가 활성화되어야 한다는 것이오.
모든 시냅스가 동시에 활성화되지 않는 것,
이것이 바로 뇌가 하는
연산 작용의 기본 원리라오.

저기, 잠깐,
잠깐만요.
이제 설명은 충분히 들었어요. 이제 이 뉴런에서
나가려면 어떻게 해야 하는지 알려주세요.
?
이 뉴런에서
나간다고?

음… 그래, 그 방법을 쓰면 나갈 수
있을지 모르겠군. 하지만…….

아니, 됐어요. 그냥 어떻게 나갈지만
말해주세요.

15) Bernard Katz, 1911~2003년.

나는 1950년대에
유니버시티 칼리지 런던에서 근무할 때
시냅스가 정보를 연속적으로 전달하지
않는다는 사실을 발견했습니다.
신경전달물질은 **주머니**에 쌓인
덩어리 단위로 방출되는 거였어요.

시냅스 안에는 주머니가 아주 많이 들어 있습니다.
이 주머니들은 뉴런이 신호를 방출할 때마다 뉴런의 표면으로 이동합니다.

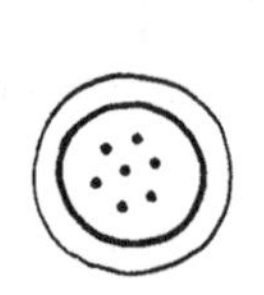

거기서 주머니는
뉴런의 바깥 세포막과 합쳐지고

그 안에 들어 있던 신경전달물질이
뉴런 밖으로 방출됩니다.

잠깐만요. 그럼 밖에선 무슨 일이 벌어지죠?
난 신경전달물질이 아니간 말이에요.
아, 처음에는…….

자, 이야기는 그만!
이제 뉴런이 신호를 방출할 거요.
준비하시오!
째깍
째깍

3
2
1
지금이오!
덜컹!

행운을
비오.
째깍
째깍

아이고,
또야?
펄럭
펄럭

이봐요, 당신은 신경전달물질이 아닌 것 같은데요?
?

자, 내가 도와줄게요.

펄럭
펄럭

어쨌거나 이왕 온 거 우릴 도와줘요. 자, 이거 받아요.

우리 모두 신경전달물질이에요.
뉴런을 위한 특별 임무를 띠고 있죠.

우리 모두 특별한 열쇠를 하나씩 가지고 있어요.

찰칵
수용체라는 특별한 자물쇠를 여는 열쇠예요.

우리 팀원을 소개할게요.

난 **도파민**이에요.

뇌에서 보상체계[16]와 학습을

담당하는 중요한 물질이에요.

16) 원하는 바를 얻으면 기분이 좋아지는 뇌 현상.—옮긴이 주

내 동생은

세로토닌이에요.

나처럼 즐거운 감정을

불러일으키죠.

감정, 식욕, 수면을

조절하는 아이예요.

저 친구는

우리를 가끔 돕는

아세틸콜린이에요.

말초신경계에 있는 근육을

조절하는 역할도 해요.

글루타메이트는 중요한
흥분전달물질이에요.
학습이나 기억 같은
중요한 업무를 담당해요.

마지막으로
감마아미노낙산[17]이에요.
우리 중에서 제일 강한 친구로
뉴런을 억제하기도 하고
자극하기도 해요.

17) 가바(GABA)라고 불림. – 감수자 주

밖은 아주 위험할 수도 있거든요.
NT
신경전달물질이 제 기능을 하지 못하게
방해하는 **약**이 아주 많아요.

그런 약은 크게 세 가지로 나눌 수 있어요.

길항제[18]라고 하는 약은 신경전달물질이 수용체로 가는 길을 막아요.

18) antagonist

작용제[19]는 수용체의 문을 열 수 있어요.

19) agonist

예를 들어 **알코올**은 뇌의 억제 시스템을 자극해서 긴장이 풀리게 하지만
반사 능력을 떨어뜨려요.

마지막으로 **조절제**[20]가 있는데, 이 약은 아주 복잡한 작용을 해요.

조절제가 수용체를 열려면 신경전달물질이 필요하지요.

그런데 조절제는 신경전달물질이 시냅스 간극에서 나가지 못하게 해요.

20) modulator

시중에서 파는 약은 도파민과 세로토닌 조절제가 많아요.

그런 약을 먹으면 오랫동안 기분이 아주 좋아져요.

그리고 항우울제는 우리를 돕는 유용한 약이에요.

가끔 뇌의 뉴런에 이상이 생겨서 수용체를 열 만큼 신경전달물질을 만들지 못할 때가 있어요. 그럴 때는 뇌가 기쁨을 느끼지 못해요.
!?
그땐 도움을 받아야 해요.

신경전달물질하고는 충분히 오래 있었어.
늦기 전에 빨리 나가야 해.

뉴런에서 빠져나왔으니
뇌를 빠져나가는 것도 어렵진 않을 거야.

!?

실례합니다, 선생님.
어디로 가야 여기서
나갈 수 있죠?

응?
욱!

아이고, 어지러워라.

조심해요!

풍덩!

이건 또 뭐야?

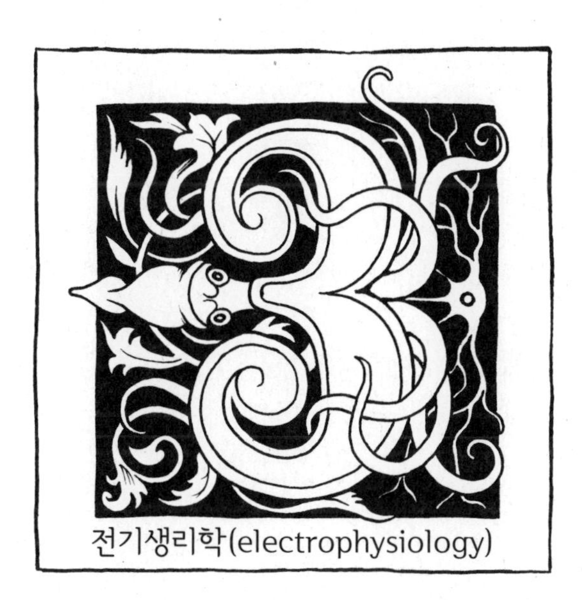

전기생리학(electrophysiology)

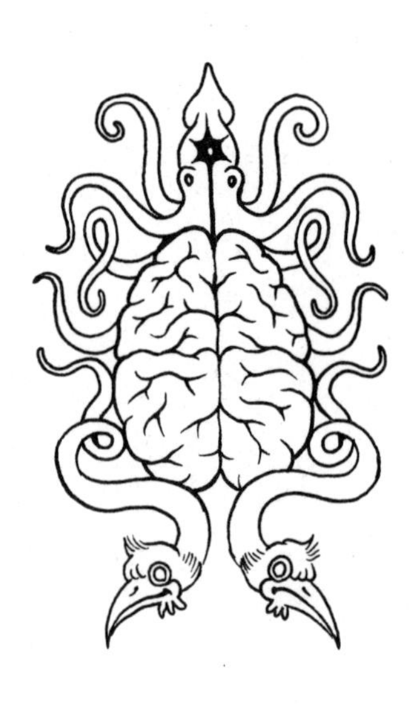

안 돼! 수용체가
모두 닫혔어.
세포 안에 갇혔어.

!

!?

A.H.

콜록
콜록

오호, 놀라운 걸 건졌군!
잘 오셨소.

괜찮소?

아니, 안 괜찮아요! 숲에서 길을 잃고, 뉴런에 빨려 들어갔다가,
괴물이 득실거리는 곳에 낙하산을 타고 뛰어내리질 않나,
이젠 물에 빠져 죽을 뻔했다고요.
대체 이게 다 **무슨** 일이랍니까? 당신들은 **누굽니까**?
잠수함을 타고 다니다니, 무슨 일을 하는 분들입니까?

21) Alan Hodgkin. 1914~1998년.
22) Andrew Huxley. 1917년~.

골지 교수가 현미경을 들여다보면서
뉴런을 연구하기 시작했을 때보다
훨씬 전부터 신경계는
전기 기계라는 사실이 알려져 있었소.

16세기에 한 이탈리아 과학자가
전기로 근육을 조절할 수 있다는 걸
발견했지.

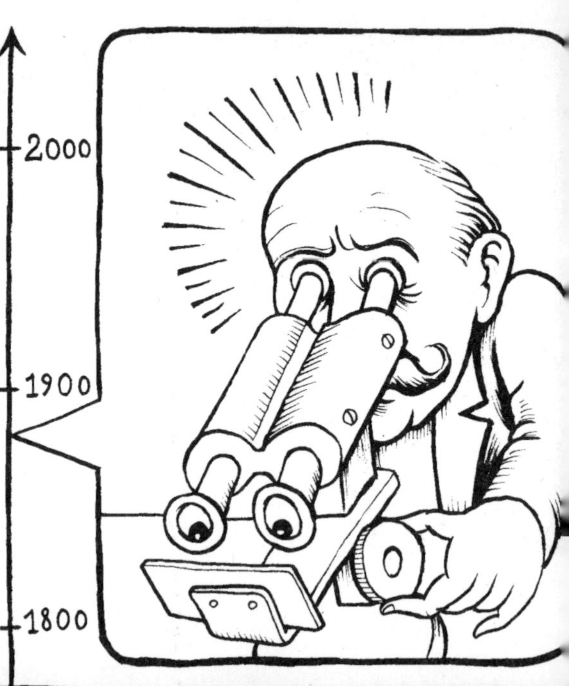

23) Luigi Galvani. 1737~1798년.

하루는 갈바니가 개구리의 피부를 벗겨내고,
정전기로 자극하는 실험을 했소.
갈바니의 조수가 개구리의 신경에
전하를 띤 금속 칼을 갖다 댔지.
그러자 죽은 개구리가 힘껏 다리를 찬 거요.

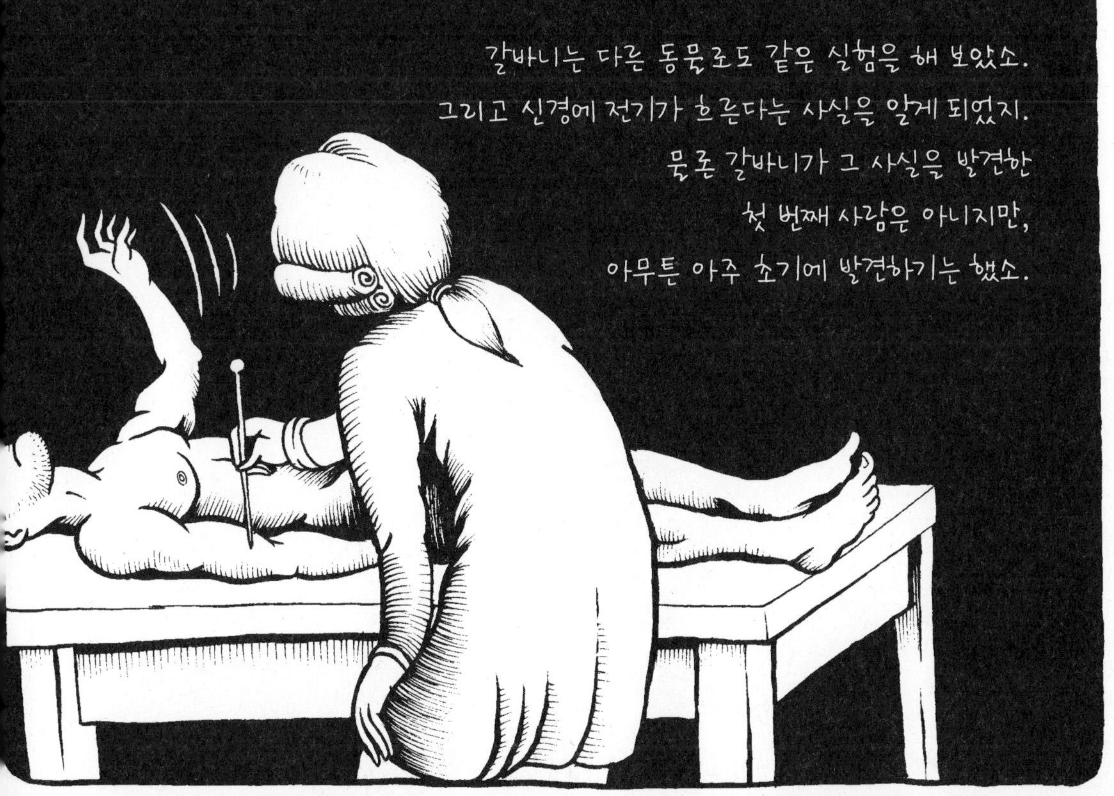
갈바니는 다른 동물로도 같은 실험을 해 보았소.
그리고 신경에 전기가 흐른다는 사실을 알게 되었지.
물론 갈바니가 그 사실을 발견한
첫 번째 사람은 아니지만,
아무튼 아주 초기에 발견하기는 했소.

전기란 ⤳ 전하를 띤 입자인 이온이 한 곳에서 다른 곳으로 흘러가는 현상이오.
알겠지만, 같은 전하를 띤 이온은 서로 싫어하오.
그래서 좁은 공간에 모여 있으면 투과성이 있는 구멍으로 빠져나가려 하지.
그 때문에 **전류**가 흐르는 거요.

뉴런에서 바로 그런 일이 일어나는 것이라오.
세포의 안과 밖에 있는
이온의 수가 다르기 때문에
이온 펌프가 만들어지지.
이온 펌프는 세포막을 흐르는
전압을 조절하오.

신경전달물질이 시냅스 후 수용체를 열면
세포 바깥에 있던 이온이 재빨리 세포 안으로 들어온다오.
그러면 뉴런을 타고 전류가 흐르면서 세포막의 전압이 바뀌게 되는 거요.

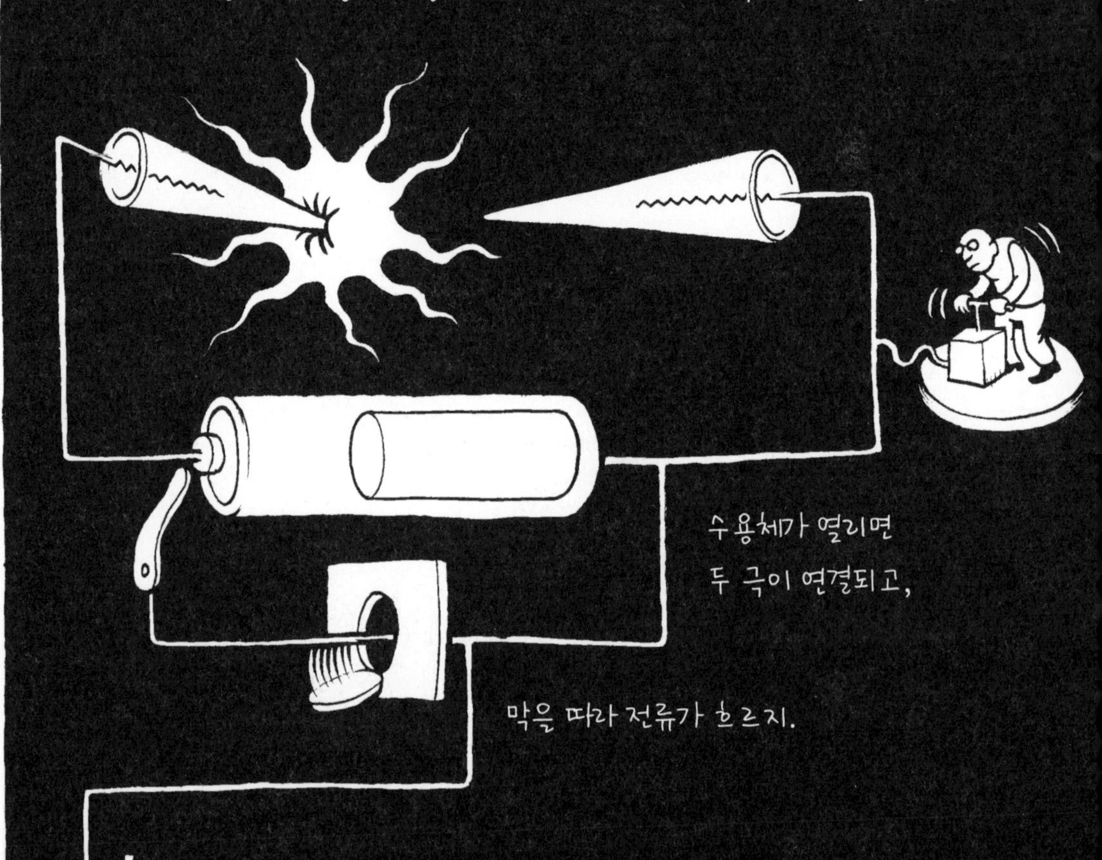
세포의 안과 밖은 펌프 작용으로 충전하는 전지(세포막)의 양극이라고 할 수 있소.
수용체가 열리면
두 극이 연결되고,
막을 따라 전류가 흐르지.
수용체마다 생산하는 전류의 세기와 지속 시간이 달라요.

세포에 충분히 많은 전류가
동시에 흐르면
불이 켜지듯
세포는 새로운 신호를
방출하지.
진짜 영리하다.

그럼, 당연하지.
뇌는 두 물질이 모두 필요하오.
무엇보다도 **전자 신호**는
아주 빠르다는 장점이 있지.
삶과 죽음을 가를 만큼
엄청나게 빠른 속도로
아주 먼 거리를 갈 수 있소.

게다가 모든 화학 신호를
전류로 바꾸면
뉴런이 그것들을 한곳에 합쳐
세포 안에서 연산 작용을
수행할 수 있지.

그렇다면 실제로 모든 전류는 어떻게 합쳐지는 걸까?

시냅스에서는 아주 약한 전기 신호가 만들어진다오.

실제로 전류가 합쳐지는 곳은 세포체요.

일정한 역치[24]에 도달하면

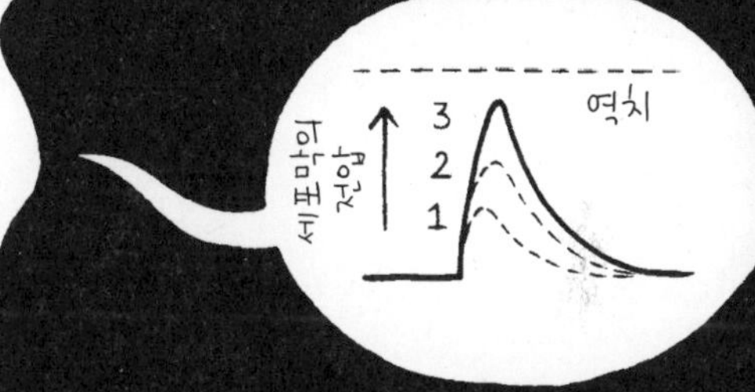

활동전위

세포막은 짧은 순간 아주 강한 전류를 생성하오.

이 전류를 **활동전위**[25]라고 하오.

24) 자극에 대해 어떤 반응을 일으키는 데 필요한 최소한의 자극의 세기.

25) action potential

활동전위는 축삭돌기에 있는 뚜껑이 달린 특별한 문이 만들지. 이 문은 **전압에 민감하게** 반응하기 때문에 세포막이 일정한 역치값에 도달하면 활동전위를 만드는 거요.

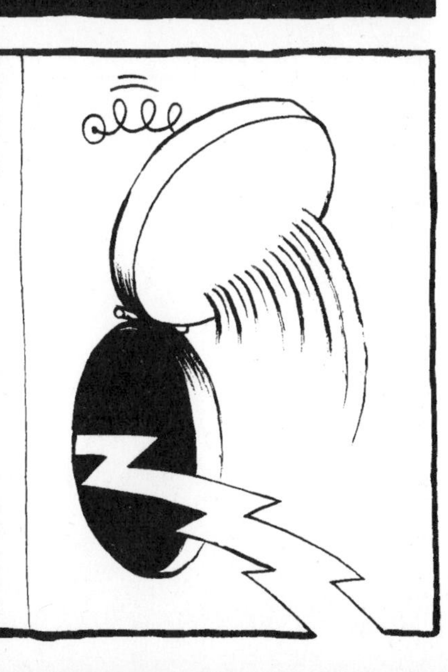

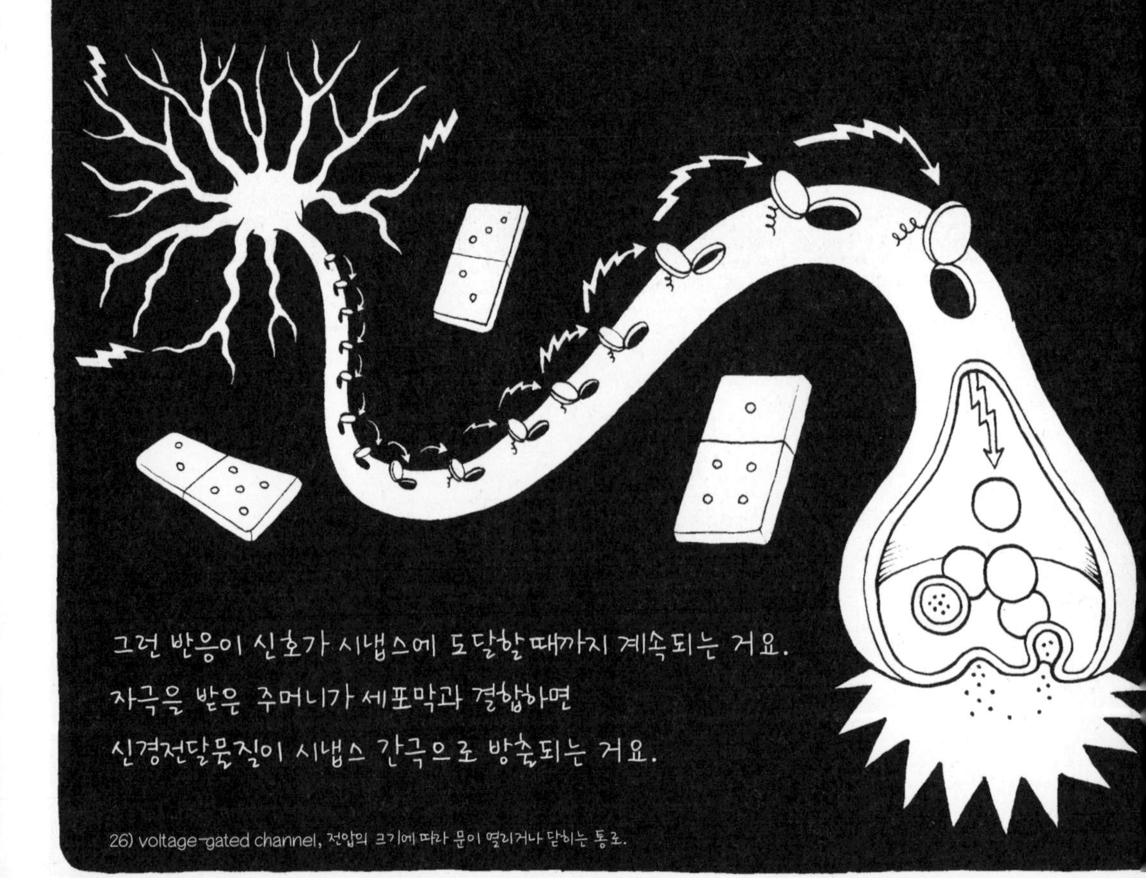

26) voltage-gated channel, 전압의 크기에 따라 문이 열리거나 닫히는 통로.

펑!
그리고
다음 뉴런에서도 같은 반응이
일어나는 거지.

우르르 쾅!
!?

이건 또 뭡니까?
괴물 오징어요.
괴물 오징어 라니요?

음, 당신도 알겠지만, 뉴런은 아주 작아서 전류를 측정하기가 무척이나 어렵소.

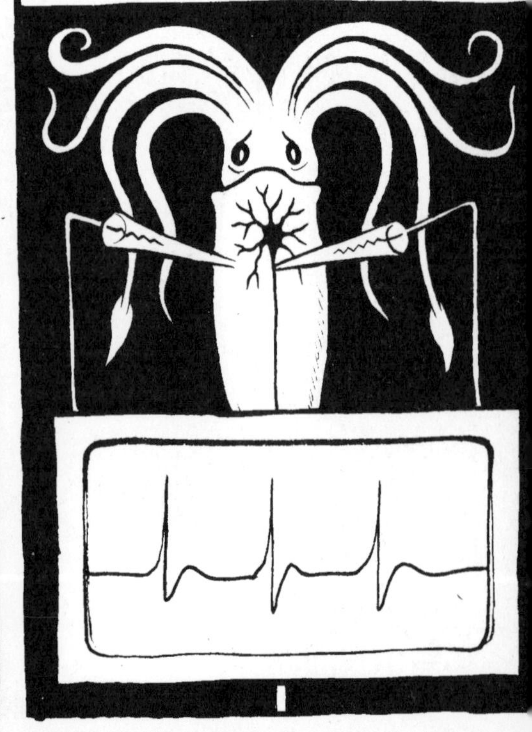
그래서 축삭돌기 지름이 1mm나 되는 오징어로 실험을 했지.

A.H.
그래서 지금 그 오징어가 복수를 하는 거요.

와장창!
탈출해야 해!

도대체 이 사람들은
왜 이렇게 힘들게
뇌를 연구하는 걸까?

A.H.

가소성(plasticity)

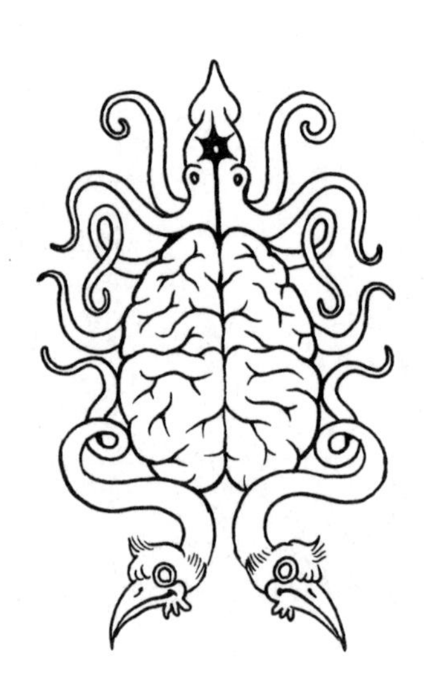

오, 마침내…….

도와줘요!

아하!
?

나랑 함께 집으로 가자, 꼬마 친구야.
그런데 이 분은 누구신가?

잘 모르겠어요.
조금 혼란스럽군요.
오, 기억을
잃었나보군.

그게, 제가 마지막으로 기억하는 건 잠수함에 탔다는 거예요. 괴물 오징어가 있었는데, 예쁜 아가씨도 있었고……. 이상한 일이 계속 생기고 있어요. 어쩌면 지금 꿈을 꾸고 있는 건지도 모르겠네요.

그 차이가 뭘까? 꿈하고 기억의 차이 말이야. 어차피 둘 다 뇌 안에서 일어나는 일이잖아.

28) 얕은 수심에 사는 바다동물로 민달팽이와 비슷해 '바다 달팽이'라고도 한다.

27) Eric Kandel. 1929년~.

그래, 자넨 어떤 종류의
기억을 잃었나?
그게 무슨
소립니까?

기억은 기본적으로 두 가지로 나뉘네.
첫째는 뇌 안에
안전하게 저장되어
있지만 말로는 표현할
수 없는 기억이네.

예를 들어 악기를 익히는 것 같은 일이지.
운동기억이라고 하는데, 균소처럼 단순한 생명체에게도 있는 기억이야.

두 번째 기억은 특별한 장소나 날짜와 관계가 있어.
보통 아주 강한 감정 요소를 포함하고 있지.
외현기억

두 번째 기억은 뇌의 기록 보관 담당자인 **해마**가 기록하네.
해마는 날짜, 지도, 살아오면서 경험한
중요한 순간을 다루는 곳이지.
정말 할 일이 많다네.
응?
지도라고?

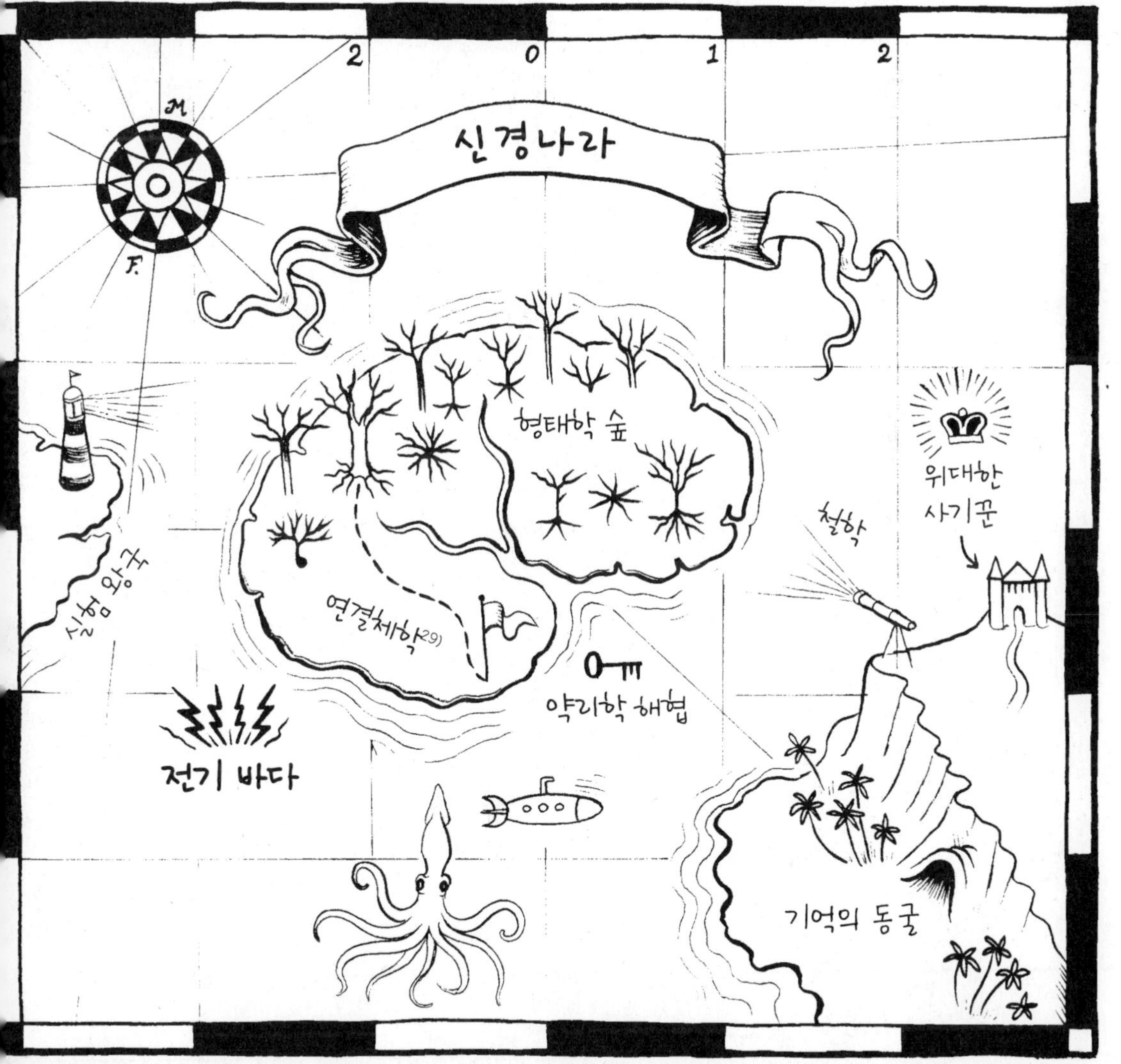

9) connectomics

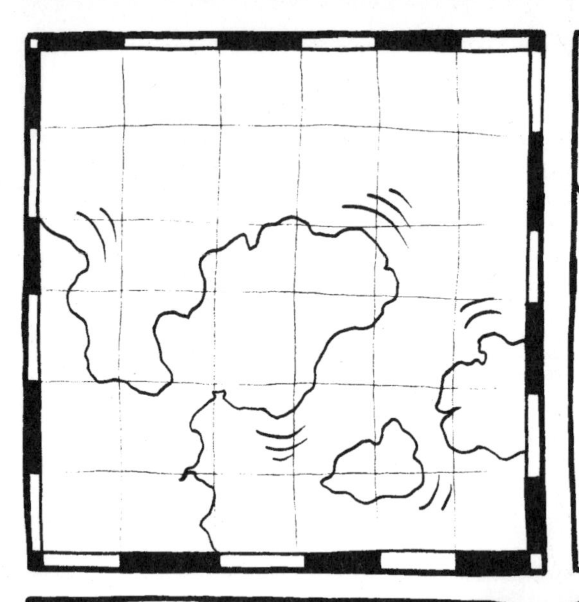

당연하지.
그게 바로 뇌가 가진
위대한 힘이야.
가소성이라는 거지.
뇌는 배운 내용을 단단한 바위에
새기지 않는다네.
경험을 통해 끊임없이
바꾸고 있지.

어라? 이게 뭐죠?

내 사진인데.

대체 어떻게 된 거죠? 이게 내 기억인가요?
이런, 바보 같은 소리 말게. 자네가 여기 있는데, 어떻게 이 뇌가 자네 뇌일 수 있나?

뭔가 잘못된 게 분명해.
누군가 나를 보고 있는 게 틀림없어. 이 뇌가 누구의 뇌인지 알아내야 해.

이 기억들이 어떻게 형성되는지 알려주시겠어요?

음, 아주 어려운 질문이군 그래.

오, 잘 들어봐! 종소리가 들리지 않나? 파블로프가 새로운 실험을 시작하나 보네.
♪ 쨍그랑!

이리 오게. 궁금증을 풀 수 있을 테니까.
?

0) Ivan Pavlov. 1849~1936년.

먹이(무조건 자극)를 보면 개는 당연히 침(무조건 반사)을 흘려.

파블로프는 개에게 먹이를 줄 때 종(조건 자극)을 울렸지.
보통은 종소리를 들려준다고 해서 개가 침을 흘리지는 않네.

같은 일을 반복하면 개의 뇌는 두 자극을 연결하고,
결국 단순히 종소리만 들어도 개는 침을 흘리게 되지(조건 반사).

그렇군요. 하지만 뇌가 어떻게 두 반응을 연결한다는 거죠?
이리 와서 자세히 들여다보게.

여기 종소리와 관계가 있는 뉴런과 먹이(침을 흘리게 하는 조건)와 관계가 있는 뉴런이 있네. 보통 두 뉴런은 아주 약하게 연결되어 있을 뿐이네.

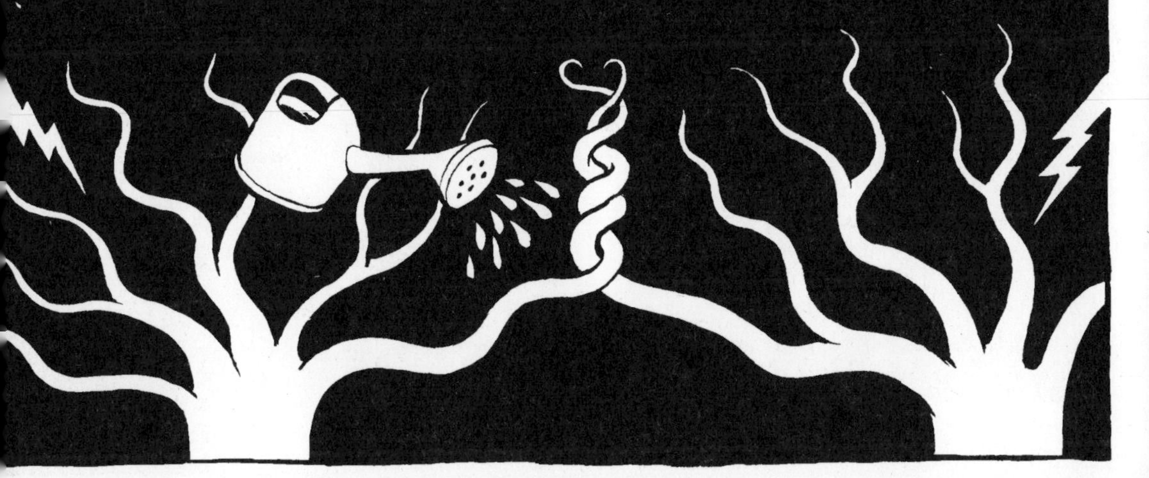
하지만 두 뉴런을 동시에 활성화시키면, 이렇게 강하게 연결된다네.

따라서 종소리와 관계가 있는 뉴런을 여러 번 자극하면 먹이와 관계가 있는 뉴런이 충분히 활성화되어 침이 나온다네.

반대로 함께 자극을 받지 않으면 뉴런 사이의 연결은 약해지고 결국 사라져버리네.

경험이 뉴런을 성장시키고 가지를 치면서 뉴런 숲을 형성해나가는 거지.

음, 영리한데.
아주 놀랍소.
그러니까, 그게 기억이 저장되는
방법이라는 거군.

연구실
음, 그렇지요.
하지만 가끔은 전혀 새로운
연결이 생길 때도 있어요.
오, 내 연구실로 갑시다, 당장.
그 이야기를 좀 더 해 봅시다.
?
잠깐만요!

제발 저를 좀 도와주세요. 빨리 여길 빠져나가야 해요.
서둘러요, 저게 나를 가둔 이 우리의 열쇠예요.

고마워요, 친구.
그래, 알았어.

여기서 제정신인 건 너뿐인 거 같아. 네가 나한테 뇌를 빠져나가는 길을 알려줄 수 있을까?
그럼요. 날 따라오세요.

이봐!
어딜 도망가려고?

뎅!
뛰어요!

뎅!
이봐,
왜 그래?

뎅!♪
제발, 일어나!
먹이가 없다는 거 알잖아.
종소리예요. 조건 반사예요.
봐요, 침이 나와요.

안 돼요.
조건 반사란 말이에요.
그럼 제발 나가는 방법이라도 알려줘.
동굴에서 나가면 가파른 산이
보일 거예요. 높은 데 올라가서
나갈 수 있는 길을 찾아요.
빨리 가요!
곧 올 거예요.

이봐!
도대체 왜 도망가는 거야?

저 산에선 정말
조심해야 해!

동시성(synchronicity)

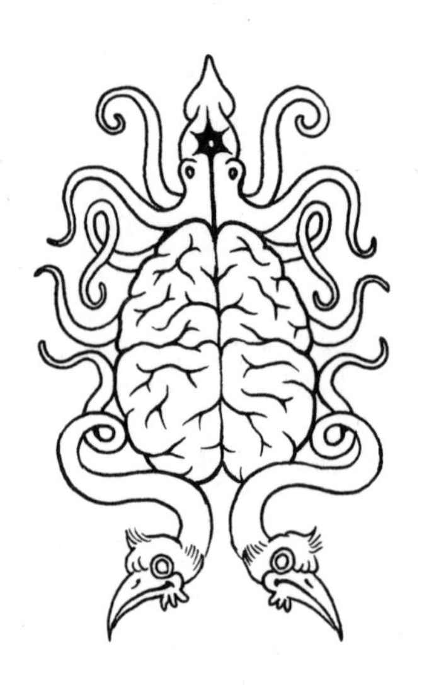

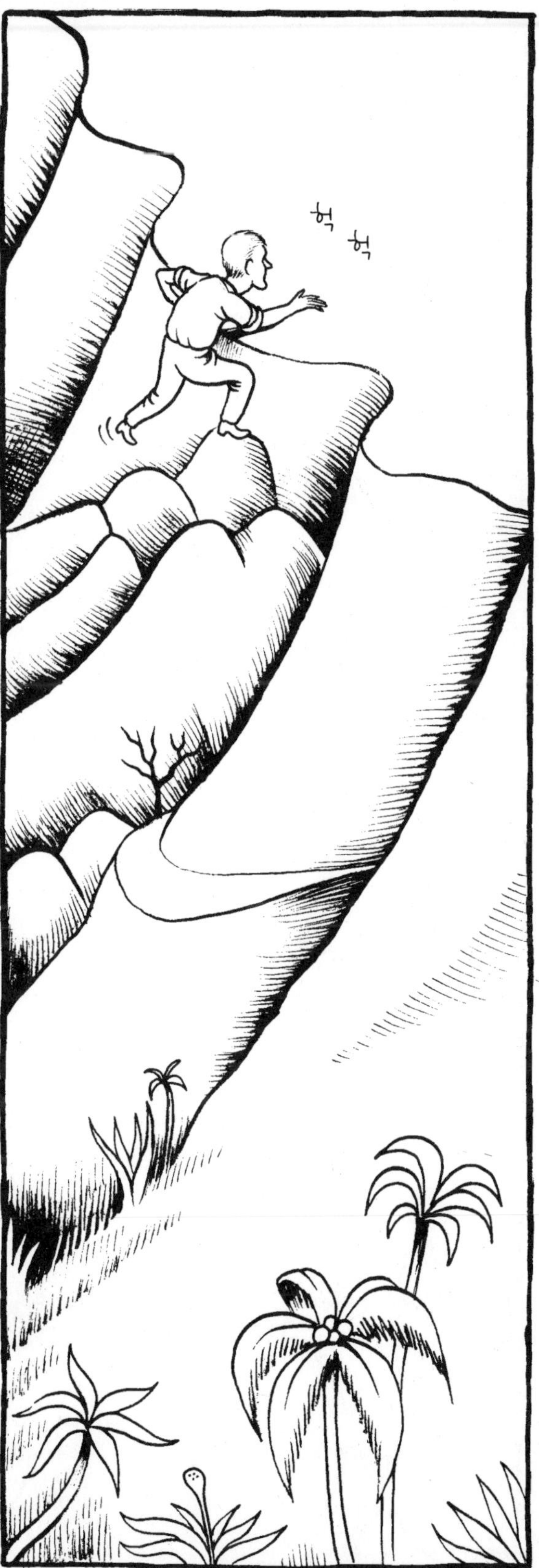
헉 헉

?
실례합니다, 선생님.
혹시…….

됐소. 말하지 않아도 알고 있지. 아주 오래전부터
보고 있었거든. 당신이 뭘 찾는지 알아.
...
여기서 나가는 길이지.
어, 어떻게 아시죠?
이 뇌 나라를 다스리는 분인가요?
저런, 아닐세. 하지만 여기 있으면
뇌 안에서 일어나는 일을 모두 볼 수 있지.

분명히 나가는 길이 있을 거야.
한번 들여다보게.

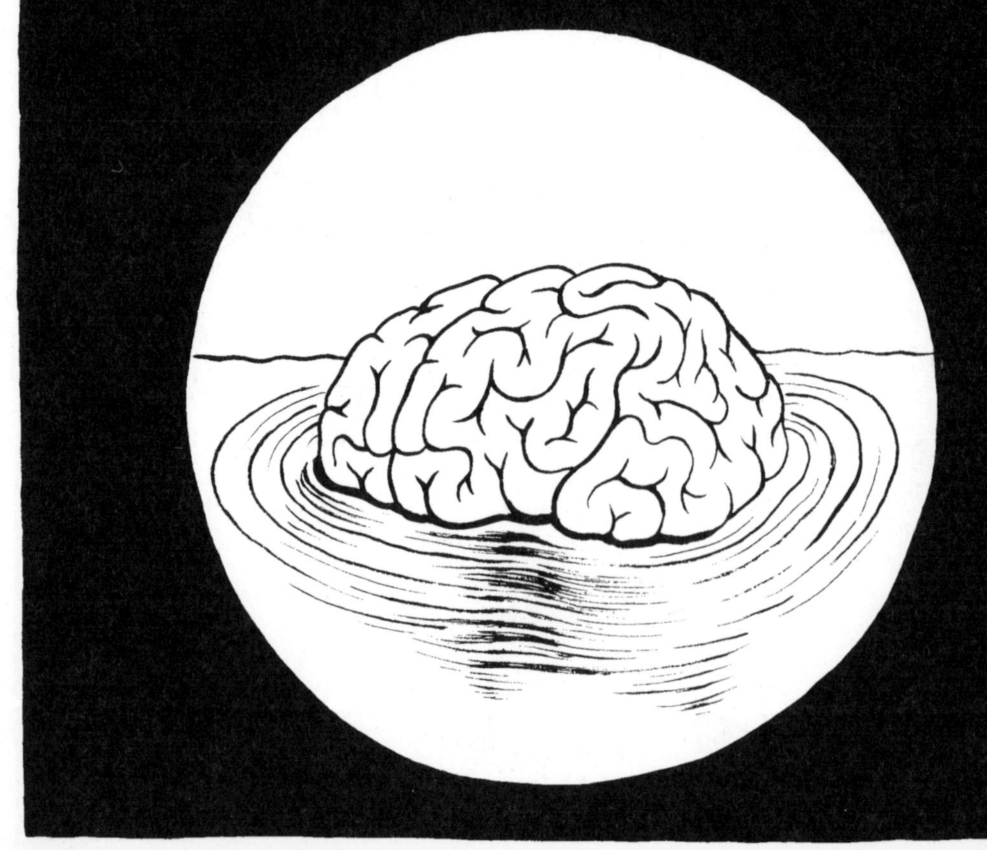
뇌의 표면에서는 **파장**을 볼 수 있어. 어떤 건 아주 강하고 어떤 건 약하지.
파장이 어디에서 생기는지는 알 수 없네.

내 이름은 **한스 베르거**[31]야.

1929년에 내가 발명한 뇌전도 측정기로 처음 **뇌파**를 관찰한 사람이지.

뇌전도 장치는 두피에 전극을 설치하고 전기 활성도를 기록하는 장치야.

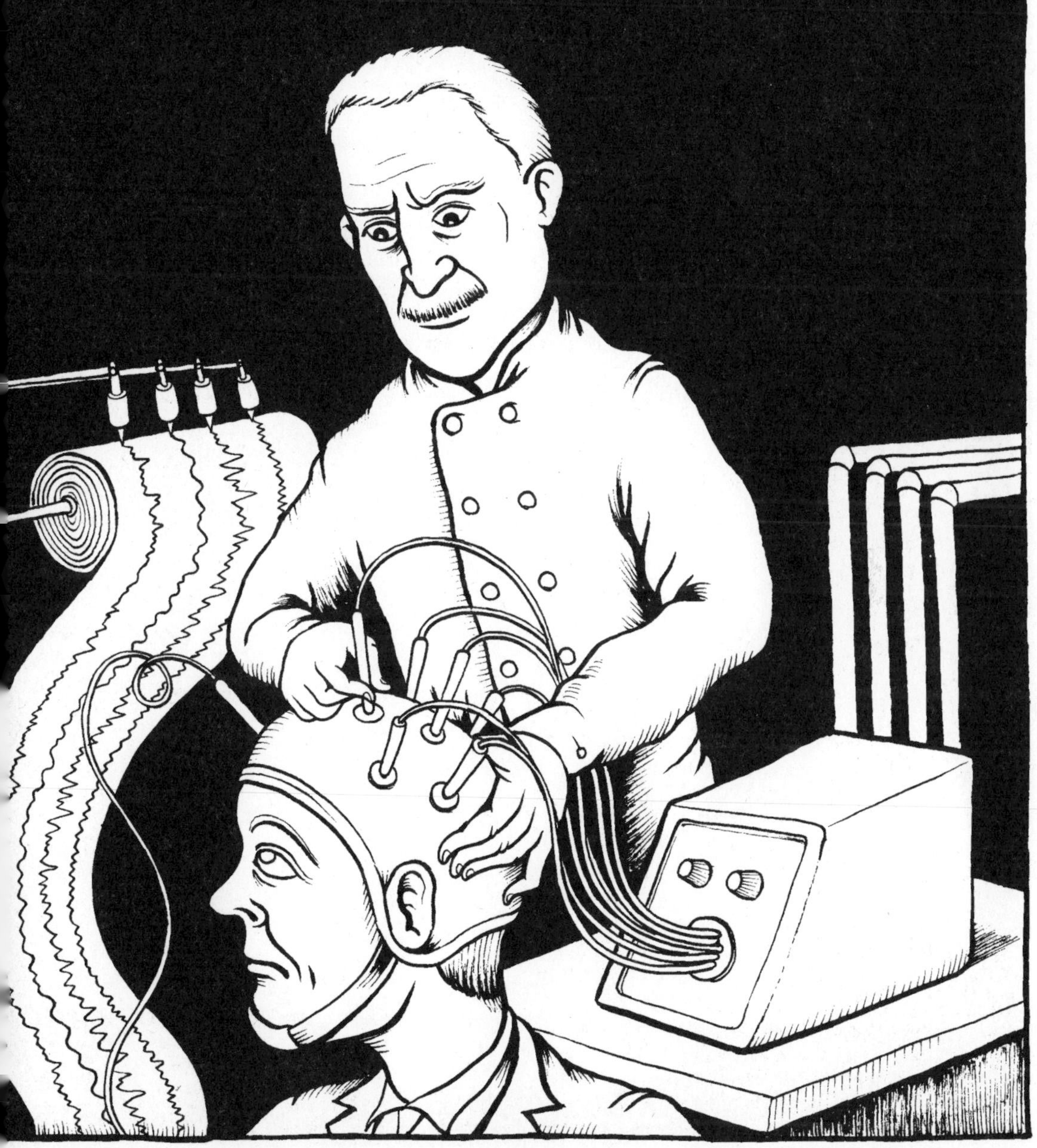

31) Hans Berger. 1873~1941년.

오늘날 과학자들은 이 파장이 연관된 뉴런들이 한꺼번에 가장 강한 신호를 방출했을 때 생기는 현상이라고 생각하지.

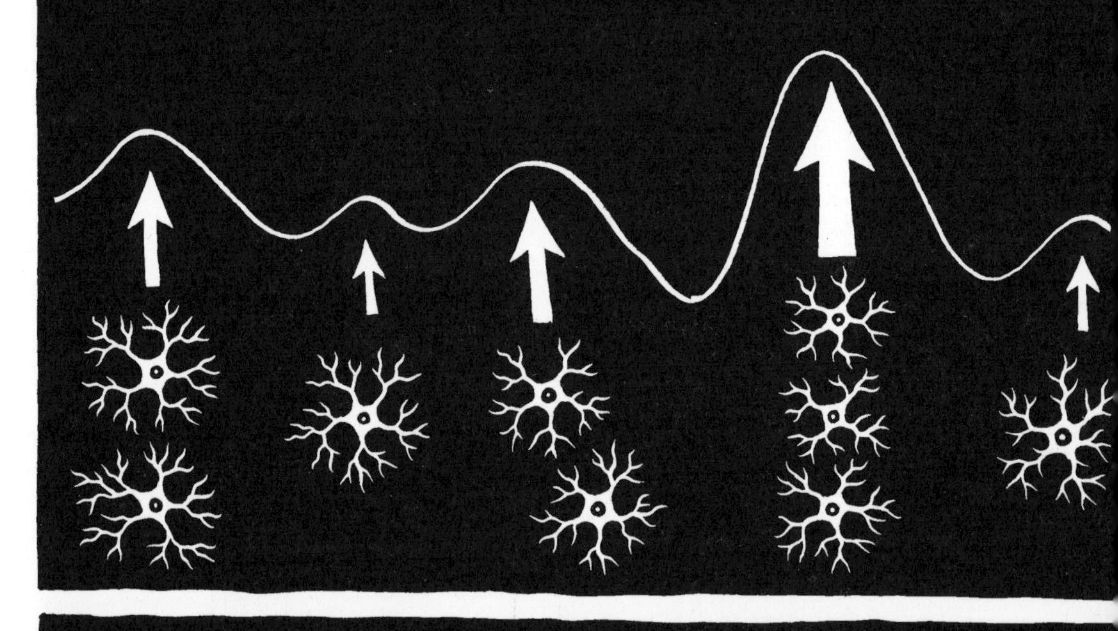

하지만 이런 동시성이 단순히 우연히 발생하는 일인지, 뇌가 각 뉴런의 신호를 읽기 위해 의도적으로 연주하는 교향곡인지는 아직 밝혀지지 않았다네.

뇌에는 몸의 특정 부위만 조절하고 특정 부위에만 반응하는 곳도 있어.
운동피질
감각피질
하지만 전체로서 몸이 움직이고
경험하려면…….

모든 부분이 힘을 합쳐 일해야 하는데,
뇌파가 뇌의 각 부분을 조정하는 역할을 하고 있는 것 같아.

그게 바로 동시성과 파장이 아주 중요하다고 하는 이유지. 뇌에는 중앙제어장치 같은 건 없어.
우리가 우리 자신으로 경험하는 건 그저 전체로서 뇌가 하는 전반적인 활동일 뿐이야.

하지만 어딘가에는
조정하는 게 있겠죠.
제 말은, 내가 누구인가 하는
문제 말이에요. 뇌가 그냥
단순한 기계일 리 없잖아요.
오, 그건 과학자와 철학자들이 한동안
고심했던 문제라네. 한마디로 말해서
'이원론 문제'라고 할 수 있지.

마음은 뇌와
다른 존재인가?
아니면 마음은
뇌의 산물인가?

신경과학에서 마음을 생물학적으로 설명하는 건 정말 어려운 일이네.

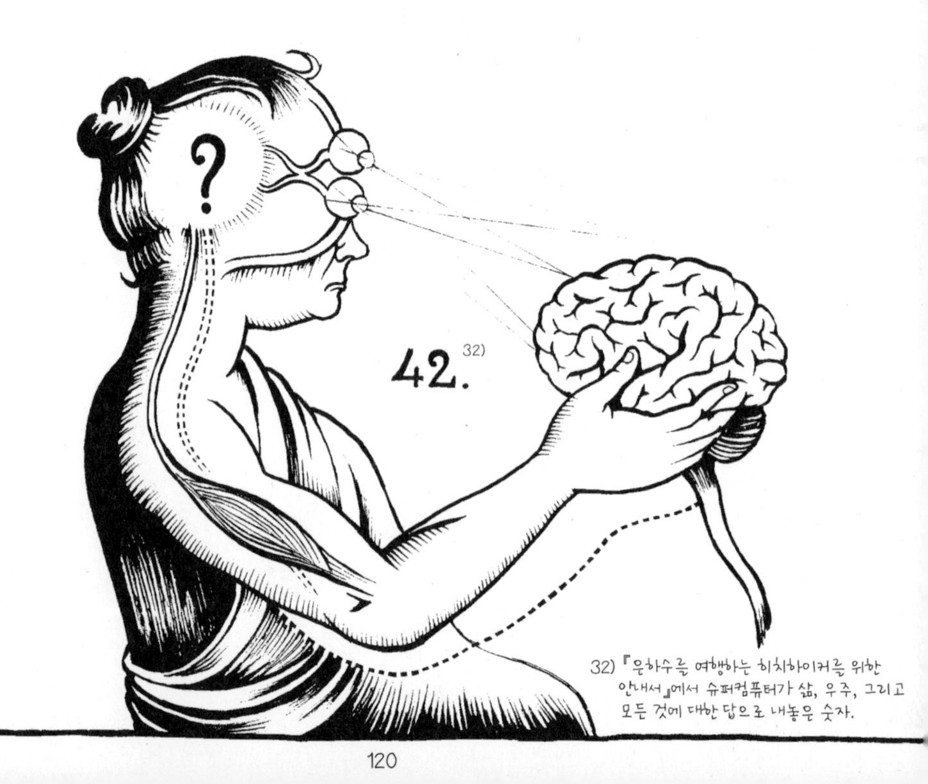

32) 『은하수를 여행하는 히치하이커를 위한 안내서』에서 슈퍼컴퓨터가 삶, 우주, 그리고 모든 것에 대한 답으로 내놓은 숫자.

그 대답을 찾고 싶다면
의식을 담당하는 유령의 성에
가보는 게 좋을 걸세.
난 여기서
기다리지.
으, 여기서 나가는 길을 찾을 수 있다면
뭐든지 할 거야.

오, 아름다운 아가씨.
허깨비는 아니겠죠?
혹시 당신이 이 성의
주인인가요?

저런, 아니에요.
전 당신처럼 갇힌 몸이에요.
?

이제 무서워하지 말아요.
이런 사악한 게임을 하는 자를 찾아서 반드시 당신을 구출해 주겠어요.

뭐 그러시든가요. 행운을 빌어요.

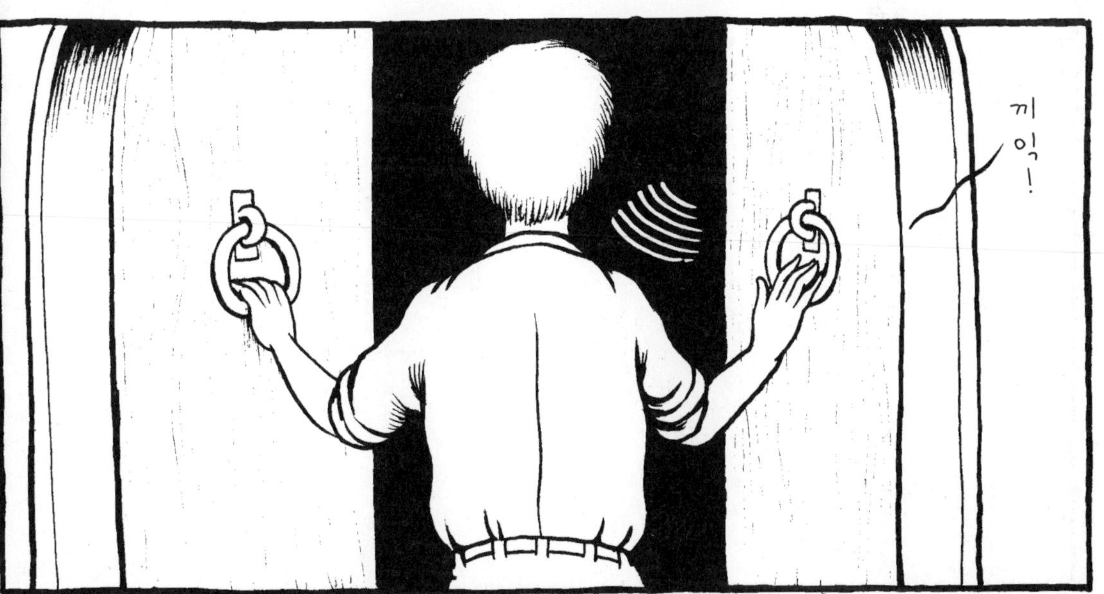
끼익!

어서 오시오!

누구냐? 당장 나와라.
당신이 날 여기로 데려온 거지?
내가 찾아내고 말 테다!

나야 그저 당신의
영혼일 텐데.

지금 누굴 바보로 알아?
뇌에 관해 알아야 할 건 모두 알았어.
이제 날 밖으로 내보내 줘!

소원을 빌려면 신중해야지.
일단 마음 밖으로 나가면
현실을 제대로 인식하지
못하게 될 수도 있어.

정신이 이상해지면
흔히 **헛것**을 보고 **망상**에 시달리지.
조현증[33]이 다 그런 거 아니겠어?
33) 정신분열증이라고 불렸으나 최근 조현증으로 병명이 바뀌었다. — 감수자 주

내가 지금 상상을 한다는 거야?
어디서 들려오는지 모르는 소리를 듣는 건 나만이 아니니까.

찾았다!
당신은 스스로
똑똑하다고 생각하는군.

!?

난 유령도 아니고 영혼도 아니야.
자신이 뇌에 거주하는 '존재'라는 생각은 그저 환상일 뿐이야.
뇌에도 몸이 있고 활동한다고 생각하는 건 그저 감상일 뿐이라고.

그게 바로 실제로
인간의 뇌가 지닌 비밀이야.
뇌는 **위대한 이야기꾼**이지.

우린 우리 자신을 속일 수 있는 힘이 있어.
실제로 존재하지 않는 것을 보는 힘도 있고.

당신은?

EPILOGUE
에필로그

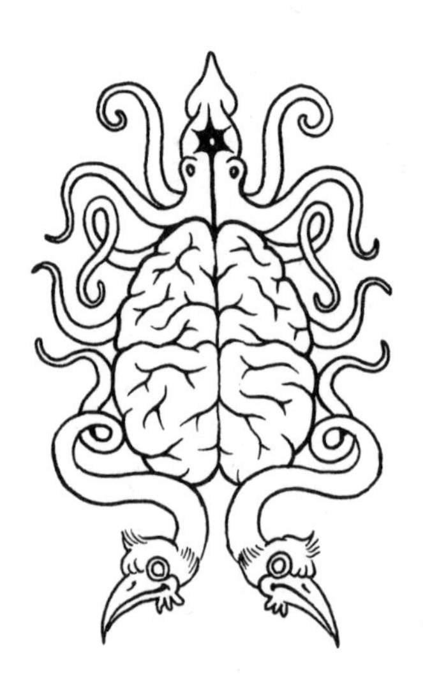

골지
카할
호지킨과 헉슬리
파블로프
파인먼
캔델
베르거

!?
또다시 여기군요.

이해를 못하겠어요.
그러니까 당신이 내 상상이란 말입니까?

바보 같은 소리 말아요.
우린 상상이 아니에요.

우린 그저 이 책에 나오는
등장인물이란 말이에요.

우리가 존재하는가, 아닌가는 독자의 뇌가 결정해요.
34) 스콧 맥클라우드, 『만화의 이해』(비즈앤비즈, 2008). 만화는 언어이자 시각적 상징들이며 독자가 칸 사이에 있는 공간을 통해 정지된 그림을 살아 움직이게 만든다는 내용이 담겨 있다. 독자의 뇌가 등장인물의 존재 여부를 결정한다는 이 책의 이야기와 일맥상통한다. — 옮긴이 주
만화 이해하기34)
스콧 맥클라우드

독자는 우리가 말하는 걸 듣고 행동하는 걸 볼 수 있어요.

종이에 그려져 있는 거지만요.

우리의 뇌는 일정한 패턴을 찾고 전후 관계를 예측하는 데 선수예요. 표면 밑에 숨어 있는 것도 볼 수 있고요.
하지만 우리가 모르는 걸 지나치게 억측하는 건 조심해야 해요. 그건 과학에서 꼭 지켜야 할 규칙이죠.

예를 들어 만화에서 한 물체가 한 칸에서 다른 칸으로 이동했다고 생각해 보세요.

우리는 이 물체가 각기 다른 시간에 있는 같은 물체라고 생각할 거예요.

하지만 사실 둘은 다른 그림이에요. 그저 우리의 머리가 둘을 연결했을 뿐이에요.

그러니 이 책을 재미있게 보셨다면,
먼저 자신의 뇌에 감사하세요. 뇌가 아니라면 실제로
일어나는 일은 아무것도 없을 테니까요.
감독

우리가 비록 만화 속 인물이기는 하지만,
혹시 저랑 데이트할 생각 없나요?
그러고 싶지만, 시간이 없는 걸요.
이 만화는 거의 끝났어요.
하지만 독자가 우릴 상상해 줄 거예요.
모두 똑똑한 친구들이잖아요.

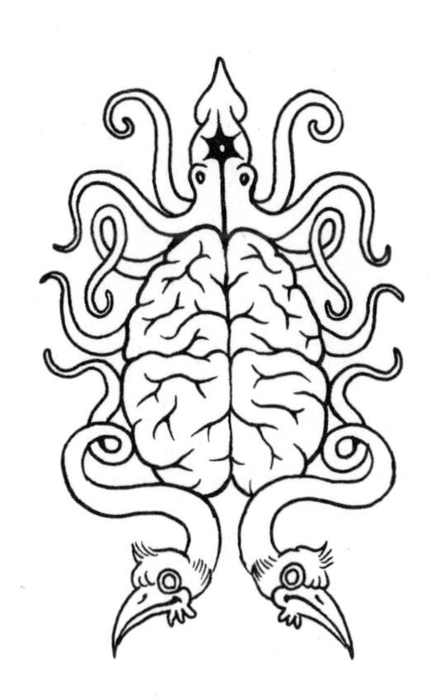

역자후기

"뇌는 정말 경이로운 존재입니다."

뇌는 욕심꾸러기입니다. 우리 몸에서 뇌가 차지하는 무게는 전체 몸무게의 2퍼센트에 불과합니다. 그런데도 우리가 섭취하는 열량의 20퍼센트를 독차지합니다. 정당하게 가져야 하는 열량보다 무려 아홉 배나 많은 열량을 소비하다니, 신체의 다른 부위들이 억울할 만합니다. 그런데 뇌도 할 말이 있습니다. 위는 위의 역할만 하면 되고, 눈은 눈의 역할만 하면 되고, 다리는 다리의 역할만 하면 됩니다. 신체 부위마다 맡은 역할이 분명하게 있는 것입니다.

하지만 뇌는 위에서 보내온 정보도 처리하고 눈에서 보내온 정보도 처리하고 다리에서 보내온 정보도 처리하는 등, 우리 몸의 모든 곳에서 보내온 정보를 처리해야 합니다. 정보를 그저 수동적으로 처리만 하는 것이 아닙니다. 뇌는 정보를 보낸 신체 기관이 어떻게 반응할지를 결정하고, 처리한 정보를 저장하고, 그 정보를 이용해 새로운 계획을 세우고, 새로운 계획을 활용해 새로운 지식을 쌓고, 필요하면 저장했던 정보를 꺼내고……, 아이쿠! 여기서 뇌가 하는 일을 쭉 나열했다가는 옮긴이의 말을 쓸 공간이 사라지고 말겠습니다(사실 옮긴이는 뇌가 하는 일을 잘 모르는데, 그건 비밀입니다!).

그런데 아마도 뇌가 하는 일을 다 아는 사람은 적어도 지금은 이 세상에 없을 겁니다. 과학자들은 뇌를 인류가 탐구해야 할 마지막 미개척지라고 합니다. 뇌는 너무나도 복잡해서 어쩌면 아무리 노력해도 절대로 알 수 없을지도 모른다는 말도 합니다. 과학자들에게도 그렇게 어려운 과제라면 우리 일반인은 뇌를 알려는 시도조차 하지 말고 포기하는 게 좋을 듯합니다. 하지만 '뇌는 곧 나'라고 했습니다(셜록 홈즈가 '나는 뇌야, 왓슨. 나머지 부분은 그저 부록이야.'라고 했습니다). 내가 나를 알려는 노력을 전혀 하지 않다니, 좋은 생각 같지 않습니다. 하지만 뇌는 이해하고 싶어도 너무 어렵습니다. 뇌를 이해하는 일에 관한 한 이런 의문과 포기를 무한히

반복해야만 할 것 같습니다. 적어도 〈뉴로코믹〉이 출간되기 전이었다면 말입니다.

〈뉴로코믹〉은 우리가 알아야 할 뇌의 모든 측면을 친절한 설명과 그림으로 풀어냅니다. 뇌에서 실제로 작동하는 부분은 뉴런입니다. 뇌의 구조를 이루고 있는 부분도 뉴런입니다. 이 책의 '형태학' 편에서 우리는 그런 뉴런의 생김새를 확인할 수 있습니다. 뉴런은 앞뒤로 신호를 주고받을 팔을 뻗고 있습니다. 수상돌기니 축삭돌기니 하는 팔 말입니다. 이 팔을 이용해 신호를 주고받을 때, 뉴런은 화학 물질이나 전기를 이용합니다. '약리학' 편은 화학 물질이 뇌에서 작용하는 방법을 알려주고 '전기생리학' 편은 뇌에서 전기가 하는 역할을 알려줍니다.

뇌는 뉴런과 뉴런을 연결하거나 연결을 끊는 방법으로 정보를 저장하고 전달하고, 또 필요 없는 정보를 삭제합니다. 경험을 바탕으로 기존의 뉴런 연결을 끊고 새로운 뉴런을 만들면서 상황에 맞게 적응하는 뇌는 '가소성' 편에서 확인할 수 있고, 여러 뉴런이 협력해 기억과 생각을 만들어가는 과정은 '동시성' 편에서 확인할 수 있습니다.

현대인의 뇌가 가장 하기 어려운 일은 무엇일까요? 어쩌면 요즘 회자되는 '멍때리기'인지도 모르겠습니다. 뇌는 생각을 하지 않는 일이 가장 어렵습니다. 약간의 정보만 들어와도 뉴런이 부지런히 모습을 바꾸기 때문입니다. 뇌가 궁극적으로 하는 일은 이 세상에서 내가 존재하게 하는 일이라고 생각합니다. 내가 매트릭스의 주체인지 매트릭스의 환상이 나인지는 모르지만, 결국 우리가 보고 느끼고 생각하고 믿는 모든 것은 뇌의 작용일 수밖에 없습니다. 〈뉴로코믹〉은 간단하지만 중요한 핵심 내용–뇌의 생김새와 기능과 능력과 작용 방식–을 모두 소개합니다. 뇌신경과학을 조금은 알려줄, 힘든 여정의 첫 걸음이 되어줄 책이라고 믿습니다. 힘들어도 우리가 부지런히 노력하면 뇌는 뇌를 이해할 수 있습니다. 열심히 노력하면 뇌는 스스로 어려운 정보를 살펴보고 자신이 알고 있는 정보를 결합해 새로운 뇌를 만들어갈 것입니다. 우리 모두 뇌를 이해하는 일을 포기하지 않았으면 좋겠습니다. 뇌는 그저 포기하기에는 너무나도 아까운, 정말로 경이로운 존재이니까요.

김소정

이 도서의 국립중앙도서관 출판시도서목록(CIP)은
서지정보유통지원시스템 홈페이지(http://seoji.nl.go.kr)와 국가자료공동목록시스템(http://www.nl.go.kr/kolisnet)에서
이용하실 수 있습니다. (CIP제어번호: CIP2014036570)

뉴 로 코 믹

뇌신경 그래픽 탐험기

초판 1쇄 발행 2015년 1월 2일
초판 3쇄 발행 2020년 2월 5일

글 · 그림 마테오 파리넬라, 하나 로스
옮김 김소정
감수 및 추천 정재승
펴낸이 윤미정

디자인 강현아

펴낸곳 푸른지식 출판등록 제2011-000056호 2010년 3월 10일
주소 서울특별시 마포구 월드컵북로 16길 41 2층
전화 02)312-2656 팩스 02)312-2654
이메일 dreams@greenknowledge.co.kr
블로그 greenknow.blog.me

ISBN 978-89-98282-19-6 03400